自然対数の底
100,000,000 桁表

縮刷版

JN113412

Napier's Constant

$$e = \lim_{n \to \infty} \left(1 + \frac{1}{n}\right)^n,$$

$$e = \lim_{n \to \infty} \frac{n}{\sqrt[n]{n!}},$$

$$e = 2 + \cfrac{1}{1 + \cfrac{1}{2 + \cfrac{1}{1 + \cfrac{1}{1 + \cfrac{1}{4 + \cfrac{1}{1 + \cfrac{1}{\ddots}}}}}}},$$

$$\frac{\mathrm{d}}{\mathrm{d}x} e^x = e^x,$$

$$e^{-1} = \lim_{n \to \infty} \left(1 - \frac{1}{n}\right)^n,$$

$$e^x = \sum_{n=0}^{\infty} \frac{x^n}{n!},$$

$$e^{ix} = \cos x + i \sin x,$$

$$\cdots$$

- 1 行 1,000 桁、1 ページ 500 行 500,000 桁が掲載されています。

- 正確な値になるように十分注意を払いましたが、億が一、掲載した値が間違っていたとしても、発行者は責任をとれません。

- 乱丁・落丁は在庫がある限りお取り替えします。

取扱い上の注意事項

1. 本書の主要部分は、精細な印刷がなされております。
2. 印刷特性上のカスレが存在しますが、これは仕様です。
3. 紙面に対して消しゴムをかけたり強くこすったり等すると、印刷の品質が損なわれる恐れがあります。

自然対数の底 100,000,000 桁表

e upto 100,000,000 decimal digits

自然対数の底 100,000,000 桁表

e upto 100,000,000 decimal digits

自然対数の底 100,000,000 桁表 53000001–53500000

e upto 100,000,000 decimal digits 53000001–53500000

本書で使用している精細印刷用のフォント
2400 dpi　横 10 ドット　縦 30 ドット

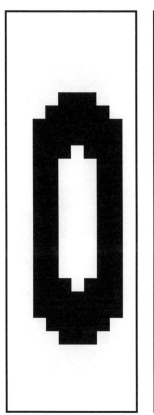 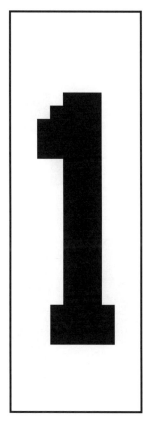 

345

678

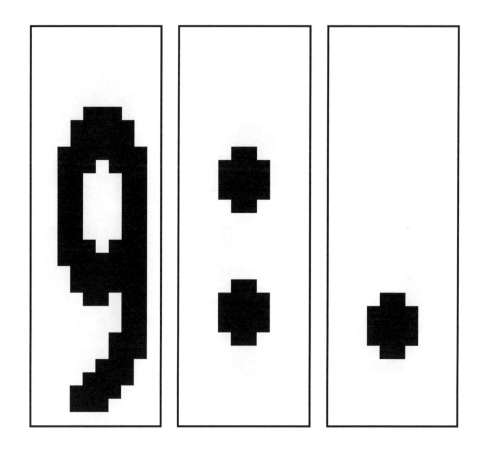

Q. 自然対数の底ってなんですか？
A. 「しぜんたいすうのてい」と読み、（以下略）

Q. なにを血迷ってこんな本を作ったんですか？
A. そんなふうに思う人はこの本を買わないと思います。

Q. どうして 271 円じゃないんですか？
A. 大人の事情です。察してください。

Q. これは単なるスクリーントーンじゃないんですか？
A. そんなこと言うと、これを印刷した人が泣きますよ。

Q. こんな本を売るなんて、手抜きなんじゃないんですか？
A. 我々はこの本のために、自然対数の底を計算するプログラムと精細印刷用
  のフォントを作成しました。ふつうの本程度に手間はかかっていると思い
  ます。

Q. 著作権はどうなっていますか？
A. 自然対数の底は創作物ではなく、この本はただの事実の羅列なので、この
  本の主要部分に著作権はありません。他の部分についても著作権を放棄し
  ます。引用・転載・複製など自由にやっていただいてけっこうです。

Q. 自然対数の底はこれで全部ですか？
A. まさか。無限に続きます。この本 100,000,000 冊でも足りません。

```cpp
#include <iostream>
#include <iomanip>
#include <vector>
#include <climits>
using namespace std;

#ifndef N_WANTED
#define N_WANTED 100000000LL
#endif
#ifndef N_EXTRA
#define N_EXTRA 100
#endif
#ifndef N_UNIT_DIGITS
#define N_UNIT_DIGITS 18
#endif

typedef int index_t;
typedef long long unit_t;
#define N_UNIT_BASE ( \
  ( N_UNIT_DIGITS ) == 1 ? 10LL:\
  ( N_UNIT_DIGITS ) == 2 ? 100LL:\
  ( N_UNIT_DIGITS ) == 3 ? 1000LL:\
  ( N_UNIT_DIGITS ) == 4 ? 10000LL:\
  ( N_UNIT_DIGITS ) == 5 ? 100000LL:\
  ( N_UNIT_DIGITS ) == 6 ? 1000000LL:\
  ( N_UNIT_DIGITS ) == 7 ? 10000000LL:\
  ( N_UNIT_DIGITS ) == 8 ? 100000000LL:\
  ( N_UNIT_DIGITS ) == 9 ? 1000000000LL:\
  ( N_UNIT_DIGITS ) == 10 ? 10000000000LL:\
  ( N_UNIT_DIGITS ) == 11 ? 100000000000LL:\
  ( N_UNIT_DIGITS ) == 12 ? 1000000000000LL:\
  ( N_UNIT_DIGITS ) == 13 ? 10000000000000LL:\
  ( N_UNIT_DIGITS ) == 14 ? 100000000000000LL:\
  ( N_UNIT_DIGITS ) == 15 ? 1000000000000000LL:\
  ( N_UNIT_DIGITS ) == 16 ? 10000000000000000LL:\
  ( N_UNIT_DIGITS ) == 17 ? 100000000000000000LL:\
  ( N_UNIT_DIGITS ) == 18 ? 1000000000000000000LL:\
  2LL )
#if N_UNIT_BASE == 2
#  error N_UNIT_DIGITS should be an integer from 1 to 18.
#endif

#define N_UNIT_MAX (LLONG_MAX)

#define N_UNITS\
  ( 1 + ( ((N_WANTED)+(N_EXTRA)-1) / (N_UNIT_DIGITS) ) ) + 1 )
enum: index_t {
  N_DUMMY = N_UNITS,
  N_UNITS_ALL,
};

int main ( void )
{
  vector <unit_t> e ( N_UNITS_ALL, 0 );  e[0] = 1;
  vector <unit_t> t ( N_UNITS_ALL, 0 );  t[0] = 1;
  index_t t_nonzero;
  unit_t k;
  unit_t s;
  for ( k = 1, s = 0, t_nonzero = 0; t_nonzero < N_UNITS; s += 2*k-1, k++) {
    if ( s > N_UNIT_MAX - ( N_UNIT_BASE - 1 ) ) { // s = (k-1)*(k-1)
      cerr << "Too much iteration..." << endl;
      return 1;
    }
    unit_t qu = N_UNIT_BASE / k;
    unit_t ru = N_UNIT_BASE % k;
    unit_t qt = 0;
    index_t j = t_nonzero;
    for ( ; j < N_UNITS; j++ ) {
      unit_t r = t[j] % k;
      t[j+1] += r * ru;
      t[j] = t[j] / k + qt;
      qt = r * qu;
      if ( t[j] == 0 ) {
        t_nonzero++;
      } else {
        j++;
        break;
      }
    } // Find a first nonzero unit of quotient
    for ( ; j < N_UNITS; j++ ) {
      unit_t r = t[j] % k;
      t[j+1] += r * ru;
      t[j] = t[j] / k + qt;
      qt = r * qu;
    } // Continue to get t /= k, so that t = 1/(k!).
    for ( j = N_UNITS - 1; j >= t_nonzero || e[j] >= N_UNIT_BASE; j-- ) {
      e[j] += t[j];
      if ( e[j] >= N_UNIT_BASE ) {
        if ( j == 0 ) {
          cerr << "Overflow!" << endl;
          return 1; // Exit on error!
        }
        e[j] -= N_UNIT_BASE;
        e[j-1] += 1;
      }
    } // e += t, that is, e += 1/(k!).
  }
  cout << e[0] << ".";
  for ( index_t j = 1; j < N_UNITS; j++ ) {
    cout << setfill ( '0' ) << setw ( N_UNIT_DIGITS ) << e[j];
  }
  cout
  // Errors from k-1 terms added and truncation
  << "+" << setfill ( '0' ) << setw ( N_UNIT_DIGITS ) << k
  // No error from subtraction
  << "-" << setfill ( '0' ) << setw ( N_UNIT_DIGITS ) << 0
  << endl;
  return 0;
}
```

自然対数の底 100,000,000 桁表 縮刷版

2024 年 7 月 18 日 初版 発行

著 者	真実のみを記述する会　(しんじつのみをきじゅつするかい)
発行者	星野 香奈　(ほしの かな)
発行所	同人集合 暗黒通信団　(https://ankokudan.org/d/)
	〒277-8691 千葉県柏局私書箱 54 号 D 係
印刷所	有限会社 ねこのしっぽ
	製版機 三菱製紙株式会社 FREDIA Eco Wz
	印刷機 株式会社小森コーポレーション SPICA 26P
	本文紙 北越コーポレーション株式会社 上質紙 キンマリ SW
本 体	718 円 / ISBN978-4-87310-271-9 C3041